能量沙拉

（日）平冈淳子◆编著　宁 瑞◆译

煤炭工业出版社
·北 京·

CONTENTS
目 录

本书的食谱规则

- 虽然省略了清洗步骤，但所有的叶类蔬菜都要事先在冷水中浸泡 20 分钟左右，待口感变脆之后再做成沙拉。
- 橄榄油选用的都是特级初榨橄榄油。做需要加热的沙拉时也可以用纯橄榄油。
- 酒选用日本清酒。
- 食材中若有柠檬和苹果等连皮一起使用的水果，推荐使用国产的皮上没有打蜡的产品，而且要仔细清洗之后再使用。
- 帕尔玛干酪最好用擦丝器擦碎后再用。如果没有这种干酪，可以选择市售的奶酪碎。
- 1 小勺是 5mL，1 大勺是 15mL，1 杯是 200mL。
- 书里的微波炉加热时长是以输出功率为 600W 的微波炉为标准计算出来的。机器种类不同，加热时间也会不尽相同，所以要边观察食材的状态边加热。

关于图标

图标表示蛋白质的主要食材来源。有时也会用到图标代表食材以外的食材。

MEAT	肉	主要用于使用牛肉、猪肉、鸡肉的食谱。
SEAFOOD	水产	主要用于使用鱼、虾、贝类等水产的食谱。
MILK	乳制品	主要用于使用牛奶、奶酪等乳制品的食谱。
EGG	蛋类	主要用于使用蛋类的食谱。
SOY	豆制品	主要用于使用豆腐和纳豆等大豆制品的食谱。

PART 1 BREAKFAST

早 → 让肠胃舒服的
能量沙拉

PART ❷ LUNCH

午 → 可饱腹的
能量沙拉

PART ❸ DINNER

晚 → 固本培元的
能量沙拉

INTRODUCTION
简介

"能量沙拉"，一盘包含
人体必需营养素的丰盛美味

VEGETABLES

FRUITS

PROTEIN

蔬菜是健康饮食生活必不可少的食材。最好吃的料理不正是有着清脆口感，并且可以直接感受到蔬菜原本的甜味、苦味、香味的沙拉吗？

水果含有维生素、矿物质等多种营养，可以说是美丽之本，而且具有天然的甜味和酸味，可使沙拉更美味。

蛋白质与蔬菜、水果同等重要。我们的皮肤、肌肉、毛发、骨骼、脏器等部位的构成必须有蛋白质的参与，因为人体自身无法产生蛋白质，所以每餐都需摄入。

这三类食材的集合体就是"能量沙拉"。能量沙拉可以为身体提供维生素、矿物质等必需的营养，同时也集合了塑造完美体型所必需的食材，营养健康一百分。

做出美味的秘诀 **1**

认真准备好蔬菜

要吃到美味的沙拉，除了调味以外，蔬菜的处理方法也是非常重要的。为了充分激发出蔬菜的口感和香味，做准备工作时绝对不能偷懒。

用凉水浸泡菜叶使其口感变脆

制作沙拉之前，菜叶要先在凉水中浸泡20分钟左右，使口感变脆。夏季使用冰水。处理一整棵生菜时，要挖出菜心后再使用。

彻底沥干水分

为了让沙拉保持干爽，从凉水中取出后需要用沙拉脱水器等将水分完全沥干。若水分比较少，可以用厨房用纸或抹布擦干。

在切的方法上多动动脑筋

蔬菜是切丝，还是切块、切十字、切末，或者擦成丝，同样的蔬菜，不同的切法，味道就会截然不同。大家可以尝试一下各种不同的切法。

手也是重要的工具

用手撕菜叶，断面会凹凸不平，调味料更容易渗入，口感也会更好。除了刀，手也是很重要的工具，用手撕菜叶很方便。

做出美味的秘诀 **2**

利用好当季水果

当季水果水分充足，味甜且香气浓郁，再加上颜色鲜艳，会让沙拉一下子变得非常华丽。记住水果特殊的处理方法，可以让能量沙拉更好吃、更美观。

必须使用当季的水果

当季水果价格低，最重要的是好吃。不要因为食谱中有就勉强使用非当季的水果，用当季售卖的水果代替为佳。

用容易出汁的切法

为了让水果的甜味、酸味和果香味渗透到沙拉中，可以多研究一下怎样切才能让果汁出来得更多。皮薄难剥的水果，直接切开即可。

有时也需要用果皮增添风味

柠檬和酸橙等果皮香味相当浓郁的柑橘类水果，连皮一起使用或者擦碎皮撒到沙拉上，可以为沙拉增加一缕清香。

搭配组合成自己喜欢的沙拉

水果、蔬菜和蛋白质并不是随意组合就会好吃。大家可以多多尝试，找出自己喜欢的搭配组合。

做出美味的秘诀 **3**

蔬果要保鲜

蔬菜有各自不同的保存方法。我们需要了解蔬菜的保鲜方法，想办法让用不完的蔬菜再食用时也可以很好吃。稍做处理或冷冻、冷藏保存，很简单地就可以保鲜。

避免蔬菜脱水

一次用不完的菜叶或香草，可以放入铺着湿润的厨房用纸的容器中保存，这样能最大限度地防止水分流失。

处理后再保存

有的蔬菜处理后再保存，可以省去一些制作工序，例如将南瓜和马铃薯捣成泥，放入保鲜袋冷藏或冷冻保存。

切掉叶子后再冷藏

芜菁和白萝卜等带叶的蔬菜，一买回来就要马上将叶和根分离。分开保存可以保持各部分的新鲜度。

水果冷冻保存更方便

做沙拉剩下的水果，或者没吃完的水果可以放入保鲜袋冷冻起来，用来制作思慕雪非常方便。

PART ①

让肠胃舒服的

早

能量沙拉

一天要过得充实，早餐必不可少。
这里选择的都是适合早餐食用、
不刺激肠胃且能量满满的食材。

BREAKFAST

胖乎乎的方块组合更便于食用

博洛尼亚香肠
混合葡萄干沙拉

MEAT

材料（2 人份）

蔬菜

西葫芦……………………	1/2 根
绿紫苏…………………	2 片

水果

混合葡萄干…………………	2 大勺

蛋白质

博洛尼亚香肠……………………	70 克
毛豆…1 杯（冷冻毛豆大约 1 袋）	

Ⓐ	橄榄油 …………………	2 大勺
	米醋 …………………	2 小勺
	盐 …………………	2 小撮
	胡椒粉 …………………	少许

补充知识

绿紫苏

富含 β-胡萝卜素、铁以及多种维生素，营养丰富，可用于中药，清凉的气味具有防腐杀菌的作用。

制作方法

1 将博洛尼亚香肠和西葫芦切成边长 8mm 的小块，在平底锅中倒入少量橄榄油（分量外）加热，放入香肠、西葫芦，炒至上色后再炒 2~3 分钟出锅（**a**）。

2 绿紫苏用手撕成小片。

3 碗中放入步骤 **1**、**2** 的食材，以及毛豆、混合葡萄干，再加入Ⓐ混合均匀（**b**）。

用中火炒香肠和西葫芦，不要过度翻搅。这样容易上色，也能锁住味道和水分。

混合块状食材时，推荐用汤勺；混合片状蔬菜时，用手更方便。

小贴士：

‣ 博洛尼亚香肠发源于意大利，是选用牛肠制成的粗香肠，特点是无需加热即可食用。

‣ 没有博洛尼亚香肠也可以用烤香肠代替。毛豆也可以用煮过的蚕豆和芦笋（切小丁）代替。

品味舌尖上的脆萝卜

菠萝干胡萝卜沙拉

MEAT

材料（2 人份）

蔬菜

胡萝卜··················	大的 1 根
欧芹·················	4 枝

水果

菠萝干·················	2 块

蛋白质

培根·················	4 片

Ⓐ	橄榄油 ················	2 大勺
	米醋 ················	2 小勺
	盐	2 小撮
	胡椒粉 ················	少许

制作方法

1 用擦丝器将胡萝卜擦成 5cm 长的丝，将菠萝干切成银杏叶片形。欧芹去茎留叶，切成粗末。

2 将培根切成 8mm 宽的片。在小平底锅中倒入橄榄油（分量外）加热，放入培根炒至焦脆，盛出后倒在厨房用纸上吸去油分。

3 碗中放入步骤 **1**、**2** 的食材，加入Ⓐ混合均匀，装盘即可。

材料（2 人份）

蔬菜	
芝麻菜	2 包

水果	
牛油果	1 个

蛋白质	
火腿	4 片

	柠檬汁	1/4 个份
Ⓐ	橄榄油	2 大勺
	盐	2 小撮
	胡椒粉	少许
	帕尔玛干酪	适量

制作方法

1 牛油果去皮去核，切成 3cm 宽的小块，浇上柠檬汁。火腿切半。

2 芝麻菜切半放入碗中，加入Ⓐ混合。

3 将步骤 **2** 的食材盛入盘中，放上步骤 **1** 的食材，撒上帕尔玛干酪即可。

牛油果被称为"可食用的美容液"

火腿牛油果
芝麻菜沙拉

MEAT

材料（2 人份）

蔬菜	
蔬菜嫩叶	1 袋
薄荷叶	1 把

水果	
小玉西瓜	1/3 个

蛋白质	
生火腿	3 片

	橄榄油	1½ 大勺
Ⓐ	白葡萄香醋*	1 大勺
	盐	2 小撮
	胡椒粉	少许

* 白葡萄香醋（White Balsamico），产自意大利的世界知名醋种之一。

制作方法

1 西瓜去皮去籽，切成边长 2cm 的块。将每片生火腿切成 4 等份。

2 将步骤 **1** 的食材放入碗中，加入Ⓐ以及蔬菜嫩叶、薄荷叶，混合均匀即可。

用薄荷香气突显夏日风味

西瓜生火腿沙拉

MEAT

"时间差蒸法"能分别蒸出
食材最适合的口感

蒸芜菁无花果沙拉

MEAT

材料（2 人份）

蔬菜

芜菁……………………… 4 个

水果

无花果…………………… 2 个

蛋白质

培根……………………… 4 片

芝麻调味汁（参照 P18）

……………………… 适量

制作方法

1 芜菁切掉叶子，将叶子浸入凉水中，使其口感变脆，再横着切成 4 等份；根部去皮后竖着切成 4 等份。无花果去皮后竖着切成 4 等份。培根切半。

2 将芜菁的根部放入上气的蒸笼中，每一块都盖上一片培根，蒸大约 5 分钟（a）。加入芜菁叶和无花果继续蒸 3 分钟（b）。

3 蒸好后装盘，浇上芝麻调味汁食用。

补充
知识

无花果

富含具有强抗氧化作用的多酚，抗衰老效果非常好。此外，还可以有效改善更年期综合征，是一种非常受女性欢迎的水果。

放入蒸笼中时，培根要盖在芜菁的上面。这样培根的香味可以一点点渗入芜菁当中，味道会更好。

为避免蒸得太过，芜菁叶和无花果要最后放入，稍微蒸一下即可。蒸好的芜菁叶是脆的，无花果肉甜糯但不软烂。

小贴士：

‣ 若无花果的皮难剥，可以将其放到开水锅中稍微烫一下再剥。

用酸奶调出柔和的味道

圆白菜苹果酸奶沙拉

MEAT

材料（2人份）

蔬菜

春季圆白菜	1/4 个

水果

苹果	1/4 个
柠檬	1/4 个

蛋白质

维也纳香肠	3 根

Ⓐ	橄榄油	1 大勺
	酸奶	3 大勺
	蜂蜜	1/2 小勺
	盐	3 小撮
	胡椒粉	少量

制作方法

1 圆白菜切成方便食用的大块（没有春季圆白菜，使用普通圆白菜时，需要先焯一下水）。苹果洗净去核，带皮切成银杏叶片形。柠檬洗净，带皮切成极薄的银杏叶片形。

2 维也纳香肠斜着切薄片。在平底锅中放入1小勺橄榄油（分量外）加热，放入维也纳香肠，然后开中火，炒至轻微上色，取出冷却。

3 碗中放入步骤**1**、**2**的食材，加入Ⓐ混合均匀。完成后可以根据喜好撒上少量的现磨黑胡椒。

材料（2 人份）

蔬菜		
南瓜	……………………	1/4 个
欧芹（切末）	………………	1 大勺

水果		
葡萄干	……………………	2 大勺

蛋白质		
火腿	……………………	4 片
Ⓐ 蛋黄酱	……………………	3 大勺
酸奶	……………………	2 大勺
橄榄油	……………………	2 大勺
盐	……………………	1 小撮
胡椒粉	……………………	少量

制作方法

1　南瓜去皮切成一口大小，放入耐热容器中。盖上保鲜膜放入微波炉中加热大约 3 分钟，趁热用勺子将南瓜碾碎。

2　葡萄干在水中浸泡大约 5 分钟，泡发。火腿切成 8mm 宽的片。

3　将步骤 **2** 的食材放入步骤 **1** 的食材中，倒入Ⓐ混合均匀，放入欧芹末稍微搅拌一下。

满满的食物纤维，有助于防治便秘

南瓜泥
葡萄干沙拉

MEAT

材料（2 人份）

蔬菜		
西洋菜	……………………	2 把

水果		
橘子	……………………	小的 2 个

蛋白质		
培根	……………………	4 片
Ⓐ 橄榄油	……………………	2 大勺
米醋	……………………	2 小勺
盐	……………………	2 小撮
胡椒粉	……………………	少量

制作方法

1　西洋菜切成 4cm 长的小段。橘子先对半切，再取出果肉。

2　将每片培根切成 4 等份。在小平底锅中放入 1 小勺橄榄油（分量外）加热，放入培根，煸炒至香脆，取出放在厨房用纸上控油。

3　碗中放入步骤 **1**、**2** 的食材，加入Ⓐ混合均匀。

橘子浓郁的甜味调和了西洋菜的苦味

橘子西洋菜沙拉

MEAT

让沙拉更加美味

调味汁

沙拉的味道取决于酸、甜、咸味以及油分的平衡。用水果补充酸味和甜味，然后用调味汁让普通的沙拉变得更美味吧。

※各种材料的用量为易操作的分量。做好后放入干净的容器中，可冷藏保存1周左右。

1 芝麻调味汁

[材料及制作方法] 在碗中放入4大勺白芝麻粉、2大勺白芝麻酱、4大勺酱油、2大勺米醋和2小勺芝麻油，搅拌均匀。

2 胡萝卜柚子调味汁

[材料及制作方法] 将1个日本柚子（若没有可用柠檬代替）挤出汁水，果肉可舍弃。果汁倒入碗中，加入1/3根胡萝卜（磨成泥，大约65g。推荐使用春季胡萝卜）、2小勺蜂蜜、5~6大勺橄榄油、少量的盐和胡椒粉，搅拌均匀。

3 大蒜苹果调味汁

[材料及制作方法] 碗中放入1/3个苹果（磨成泥）、1瓣大蒜（捣碎）、2大勺白芝麻、1根红辣椒（去籽）、100mL酱油、2大勺煮开的酒（★）、3大勺橄榄油，搅拌均匀。

★煮开的酒指的是用锅将酒煮沸，酒精挥发后得到的液体。这样用起来既不会破坏沙拉的风味，又可以增添酒的香气和醇味。

4 葡萄香醋调味汁

[材料及制作方法] 碗中放入1小勺盐、少量胡椒粉、2小勺蜂蜜、50mL葡萄香醋，搅拌至盐溶化，再边搅拌边慢慢加入150mL的橄榄油。

1 芝麻

2 胡萝卜柚子

3 大蒜苹果

4 葡萄香醋

5 覆盆子

6 法式

7 梅子

8 凯撒

5 覆盆子调味汁

[**材料及制作方法**] 在耐热碗中放入 50g 覆盆子和 1 小勺蜂蜜，盖上保鲜膜后放入微波炉中加热 20 秒。用搅拌机或叉子将覆盆子碾碎并与蜂蜜混合均匀。接着加入 1 大勺白葡萄香醋、1 小撮盐，边搅拌边慢慢加入 3 大勺的橄榄油。

6 法式调味汁

[**材料及制作方法**] 在碗中放入 1/2 小勺盐、少量胡椒粉、2 大勺白葡萄酒醋、2 大勺柠檬汁、1 小勺法式芥末酱、120mL 纯橄榄油，搅拌均匀。

7 梅子调味汁

[**材料及制作方法**] 在碗中放入 3 大勺梅子肉（用刀切碎梅干）、2 大勺日式高汤、1~2 大勺味醂、1 小勺淡口酱油、2 大勺生姜汁、少量砂糖、2 大勺芝麻油，搅拌均匀。

8 凯撒调味汁

[**材料及制作方法**] 在碗中放入 1 片凤尾鱼干（用刀切碎）、1/4 小勺胡萝卜（磨成泥）、3 大勺帕尔玛干酪碎、4 大勺蛋黄酱、2 大勺酸奶、1 小撮盐、少量胡椒粉，搅拌均匀。

清淡的沙拉更能突显胡椒的辛辣

西柚扇贝沙拉

SEAFOOD

材料（2 人份）

蔬菜	
蔬菜嫩叶……………………	1 袋

水果	
西柚……………………………	1 个

蛋白质	
刺身用扇贝…………………	10 个

Ⓐ	橄榄油 …………………	3 大勺
	白葡萄香醋 …………	1 大勺
	盐 ……………………	2 小撮
	胡椒粉 ………………	少量
粉红胡椒……………………		2 小勺

制作方法

1 西柚去皮、去内层薄膜，再分成小瓣（a）。

2 将步骤1的食材、扇贝放入碗中，加入Ⓐ混合均匀。再加入蔬菜嫩叶、粉红胡椒，稍微搅拌一下。

柑橘类水果在去掉皮和内层薄膜之后，从果肉间的薄膜处左右各切一刀，即可分离出小瓣状的果肉。最后，用手将薄膜上残留的果汁挤入碗中。

补充
知识

西柚

其清苦的味道及芳香的气味可以有效抑制食欲，维生素 B_1 及果胶可以有效加速糖类代谢，因此，西柚作为一种减肥水果而备受青睐。

小贴士：

‣ 西柚和海鲜非常配，它甜度不高且略带苦味，非常适合做沙拉。

‣ 白葡萄香醋有着葡萄的清香浓郁，以及淡淡的甜味和酸味，可以让沙拉变得更好吃。若没有可用米醋代替。

‣ 粉红胡椒用手指轻轻碾碎后，香味就会立刻散发出来。

沙拉与软糯的银鱼完美融合，真的很美味

橙子番茄银鱼沙拉

 SEAFOOD

材料（2 人份）

蔬菜

番茄··························	大的 1 个
红叶生菜·····················	2 片
罗勒·························	8 片

水果

橙子·························	1 个

蛋白质

银鱼·························	60g

	香酥核桃·····················	4 大勺
Ⓐ	橄榄油 ······················	2 大勺
	米醋 ·······················	1 大勺
	盐 ·························	2 小撮
	胡椒粉 ·····················	少量

制作方法

1 将番茄纵向切成 8 等份，每块再切半。橙子去皮和内层的薄膜，再分成小瓣。红叶生菜用手撕成方便食用的大小。

2 将步骤**1**的食材、银鱼、核桃放入碗中，加入Ⓐ混合均匀，撒上用手撕碎的罗勒，稍微搅拌一下。

坚果类用平底锅稍微煸炒至焦黄，不仅闻着香，吃起来更香。也可以用烤箱烤出香味。

补充知识

核桃

在所有坚果中，核桃的不饱和脂肪酸"欧米伽 3"的含量最多，不仅能降血脂，而且有补脑和美容的功效。每天吃一把核桃可以预防生活方式病。

小贴士：

‣ 银鱼可以换成白身鱼的刺身。

‣ 罗勒用手撕碎能够更好地释放香味。

带皮的柠檬和香草让整道沙拉香气十足

三文鱼莳萝柠檬沙拉

SEAFOOD

材料（2 人份）

蔬菜

菊苣·····················1 个

莳萝····················1/2 包

水果

柠檬····················1/4 个

蛋白质

刺身用三文鱼

············1 小块（大约 100g）

法式调味汁（参照 P19）

···················· 适量

制作方法

1 将三文鱼切成 8mm 厚的薄片，柠檬切成极薄的银杏叶片形。菊苣横着切成 5 段。莳萝摘下叶子。

2 将步骤 **1** 的食材放入碗中，加入法式调味汁混合均匀。

小贴士：
柠檬带皮使用时，尽可能选用国产的没有打蜡的产品。

材料（2 人份）

蔬菜
红叶生菜…………………………	2 片
四季豆……………………………	10 根

水果
奇异果……………………………	1 个

蛋白质
烟熏三文鱼………………………	8 片

Ⓐ		
	橄榄油 …………………………	2 大勺
	柠檬汁 …………………………	1 大勺
	盐 ……………………………	2 小撮
	胡椒粉 …………………………	少量

制作方法

1　将每片烟熏三文鱼都对半切开。红叶生菜用手撕成方便食用的大小。四季豆去筋，用盐水焯一下，再斜着切成3等份。奇异果切成边长8mm的小块。

2　将步骤1的食材放入碗中混合，加入Ⓐ搅拌均匀。

酸甜的奇异果和三文鱼非常相配

烟熏三文鱼
奇异果沙拉

SEAFOOD

材料（2 人份）

蔬菜
小菠菜……………………………	1 把
冷冻玉米粒（需要解冻）……	1/2 杯

水果
梅干………………………………	2 个

蛋白质
金枪鱼罐头………………………	1 小罐

Ⓐ		
	橄榄油 …………………………	2 大勺
	酱油 ……………………………	1 小勺
	胡椒粉 …………………………	少量

制作方法

1　小菠菜切成 4cm 长的段。梅干去核，用刀切碎。

2　碗中放入步骤1的食材、沥去油分的金枪鱼、沥干水分的玉米粒，再加入Ⓐ混合均匀。

梅肉的酸味和金枪鱼很配

小菠菜金枪鱼
梅子沙拉

SEAFOOD

25

牛油果有抗衰老的效果

牛油果蟹肉罐头意面沙拉

SEAFOOD

材料（2 人份）

蔬菜
番茄……………………	1 大个
细叶芹……………………	4 枝

水果
牛油果……………………	1 个
柠檬汁……………………	1 大勺

蛋白质
蟹肉罐头……………………	1 罐

喜欢的短意面…………………	30g
橄榄油…………………	2½ 大勺
盐…………………	2 小撮
现磨黑胡椒………………	少量

制作方法

1 番茄切成边长 1.5cm 的块。牛油果去皮去核，切成边长 1cm 的块，然后洒上柠檬汁（**a**）。取细叶芹的叶子备用。

2 在开水中放入少量的盐（分量外），煮意面，煮面的时间要比包装袋上标明的多煮 1 分钟。用笊篱捞出意面控水（**b**），散去余温。

3 碗中放入步骤 **1**、**2** 的食材和沥干汁水的蟹肉、橄榄油和盐，混合均匀。加入现磨黑胡椒，稍微搅拌一下。

牛油果放时间长了颜色会变黑，所以切开之后要立即洒上少量柠檬汁。果肉和果核一起保存，效果更好。

意面冷却之后会稍微变硬一些，所以煮的时间要长一点。沥干水分的意面容易粘连在一起，可以加入少量的橄榄油避免粘连。

补充知识

牛油果

牛油果中富含被称作"美容维生素"的 B 族维生素，因此被誉为"可食用的美容液"。它有很强的抗氧化作用，对美容和防衰老有很好的效果。

小贴士：

▸ 细叶芹常用于提升法式料理的风味，也被称为雪维菜。它可以为料理增添清爽的香味，如果没有，也可以省去。

▸ 若不介意气味，也可以加入少量的大蒜泥。

黏稠的蛋液包裹着爽脆的生菜

蓝莓罗马生菜凯撒沙拉

EGG

材料（2 人份）

蔬菜

罗马生菜······················ 8 片

水果

蓝莓······················ 20 个

蛋白质

培根······················ 4 片

煮荷包蛋（参照下方制作方法）

······················ 2 个

油煎面包碎（参照下方制作方法）

······················ 适量

帕尔玛干酪·················· 适量

现磨黑胡椒·················· 少量

凯撒调味汁（参照 P19）

······················ 适量

补充
知识

蓝莓

蓝莓富含多酚、花青素、维生素 C 和 E，抗氧化力在蔬菜和水果中属于最高等级。此外，它还可以缓解眼睛疲劳。

制作方法

1 将培根切成 1cm 宽的长条。在小平底锅中放 1 小勺橄榄油加热，放入培根炒至香脆，然后取出放到厨房用纸上控油。

2 将罗马生菜盛到容器中，撒上步骤**1**的食材、蓝莓、油煎面包碎，中间放上煮荷包蛋，浇上凯撒调味汁，再撒上帕尔玛干酪和现磨黑胡椒，吃的时候戳破荷包蛋。

★ ────────────────────

荷包蛋的制作方法

1 煮荷包蛋的秘诀在于，1L 开水中要加入 2 大勺醋。水开后倒醋，用筷子画圈搅动水，在锅中形成漩涡。

2 在漩涡的中心打入鸡蛋，将散开的蛋白轻轻聚拢回来，用小火煮大约 2 分钟。用漏勺取出鸡蛋，放到厨房用纸上吸干水分。

★ ────────────────────

油煎面包碎的制作方法

在平底锅中多倒一些橄榄油加热，把吃不完的面包切成大约边长 1cm 的块后放入，开中火煎至表面变脆。

坚果的口感是好吃的关键

葡萄农家奶酪沙拉

MILK

材料（2 人份）

蔬菜

蔬菜嫩叶……………………… 1 袋

水果

葡萄……………………… 1/2 串

蛋白质

生火腿……………………… 4 片

农家奶酪………………… 6 大勺

碧根果……………………… 4 大勺

Ⓐ 橄榄油……………………… 2 大勺

白葡萄香醋………… 1 大勺

盐 ………………… 2 小撮

胡椒粉 ………………… 少量

制作方法

1 葡萄去皮去籽。

2 碗中放入步骤**1**的食材、农家奶酪、碧根果、生火腿、蔬菜嫩叶，再加入Ⓐ混合均匀。

小贴士：

‣ 葡萄可以选用能连皮吃的无籽品种。除了葡萄，还推荐使用桃子和梨。

‣ 若没有碧根果，可用核桃代替。

‣ 碧根果用平底锅焗炒一下会更香（参照 P23）。

用超级食品枸杞子增添中国风味

火腿枸杞子豆腐沙拉

SOY

材料（2 人份）

蔬菜

香菜……………………………1 把

水果

枸杞子……………………2 大勺

蛋白质

北豆腐……………………………1 块

火腿……………………………4 片

榨菜………………………… 10g

芝麻油……………………2 小勺

菜籽油（或喜欢的植物油）…2 小勺

鱼露……………………………1 大勺

盐……………………………1 小撮

胡椒粉…………………… 少量

制作方法

1 用重物压住豆腐，将里面的水分压出并沥干，用手掰成一口大小。每片火腿都切成 3 等份后再切成细条。取香菜的叶子备用。枸杞子在水中浸泡大约 5 分钟，泡发后沥干水分。榨菜切成细丝。

2 碗中放入步骤**1**的食材，再加入芝麻油和菜籽油稍微搅拌一下，加入鱼露、盐、胡椒粉混合均匀。

小贴士：

‣ 用厨房用纸将豆腐包起来，放入微波炉中加热 1 分钟左右能够快速去除水分。重点是要用手把豆腐掰碎。

‣ 把鱼露换成酱油也很好吃。

SMOOTHIE RECIPE

鲜果奶昔

饮用鲜果奶昔是良好的晨起"养颜习惯"。

这种"可以喝的沙拉"能够轻松补充多种营养。

MILK　SOY

紫色奶昔

材料（2 人份）

蔬菜	
紫甘蓝叶……………………	2 片

水果	
冷冻巴西莓……………………	1 袋

蛋白质	
豆腐…………………………	1/4 块
牛奶…………………………	300mL
蜂蜜…………………………	1 大勺

黄色奶昔

材料（2 人份）

蔬菜	
黄甜椒……………………	1/2 个
薄荷叶……………………	1 小撮

水果	
杧果（去皮去核）…………	1 个

蛋白质	
牛奶…………………………	300mL
酸奶…………………………	3 大勺
蜂蜜…………………………	1 大勺

绿色奶昔

材料（2 人份）

蔬菜	
小松菜……………………	3 棵

水果	
苹果（去皮去核）…………	1/2 个

蛋白质	
豆乳…………………………	300mL
蜂蜜…………………………	1 大勺

制作方法（通用）

将蔬菜和水果切成一口大小，再和其他材料一起放入搅拌机中搅拌至顺滑。蔬菜和水果、牛奶等液体要提前一晚冷藏备用。

小贴士：

夏天的时候可以加冰块，或者将水果冷冻制成冰奶昔。担心热量过高的朋友，可以将蜂蜜换成天然甜味剂或低聚糖。

PART ②

可饱腹的

午

能量沙拉

只用一盘沙拉就可以让努力拼搏
的你充满能量。它可以补充优良
蛋白质、维生素、矿物质等营养，
非常适合作为午餐享用。

LUNCH

加入西洋菜可以达到美容的效果

嫩煎猪肉苹果沙拉

MEAT

材料（2 人份）

蔬菜

红菊苣……………………	1/8 个
西洋菜……………………	1/3 把

水果

苹果……………………	1/2 个

蛋白质

嫩煎用的猪肉

……………… 1 片（大约 200g）

香酥核桃……………………	3 大勺
盐………………………………	4 小撮
胡椒粉……………………	少量
橄榄油……………………	2 小勺
柠檬汁……………………	2 小勺
葡萄香醋调味汁（参照 P18）	
………………………………	适量

补充
知识

西洋菜

西洋菜具有帮助消化肉类的作用。它富含 β－胡萝卜素、维生素 C、铁，美容和预防贫血的效果显著，深受女性欢迎。

制作方法

1 煎猪肉前，先将猪肉放置至室温(a)，放置时间为 30 分钟，同时撒上盐和胡椒粉。将橄榄油倒在铁板上或者平底锅中加热，放入猪肉后开比稍大的中火，煎 2~3 分钟，直至两面都上色，再调成最小火，继续煎 1~2 分钟。用锡箔纸包住煎好的猪肉，放置一会儿后（ b ）切成小块。

2 苹果事先洗净去核，连皮切成银杏叶片形，浇上柠檬汁备用。红菊苣用手撕成方便食用的大小。西洋菜横向切成 4 段。

3 将步骤 **1**、**2** 的食材放入碗中，加入核桃，再浇上葡萄香醋调味汁混合均匀。

猪肉最好选择 1.5cm~2cm 厚的肉块。越厚的猪肉在室温中放置的时间也要越长，直到中心部位的温度也完全变成室温为止。

煎好之后用锡箔纸包着放置 5~10 分钟，这样就可以用余温继续慢慢加热中心部位，让肉质更鲜嫩多汁。

小贴士：

‣ 猪肉的厚度不同，煎的时间也会不同。这里的煎制时间，指的是煎 1.5cm 厚的猪肉所用的时间，要根据具体情况自行调节煎制时间。

‣ 苹果果肉暴露在空气中会变色，所以要撒上柠檬汁防止变色。

松软的豆子吃起来口感非常好

鹰嘴豆橄榄沙拉

MEAT

材料（2 人份）

蔬菜

西蓝花	1/3 个
番茄	1 大个
鹰嘴豆（水煮）	100g

水果

橄榄（切成圆片）	30g

蛋白质

烤香肠	4 根

Ⓐ	橄榄油	2 大勺
	颗粒芥末酱	2 小勺
	米醋	1 大勺
	盐	2 小撮
	胡椒粉	少量

制作方法

1 西蓝花分成小瓣，用盐水焯一下。用同一锅水继续将切好的 1cm~1.5cm 厚烤香肠片也焯一下。番茄切成边长1cm 的块。

2 碗中放入步骤**1**的食材、沥去水分的鹰嘴豆以及橄榄，再加入Ⓐ混合均匀。

补充
知识

橄榄

橄榄中含有丰富的维生素E，具有显著的抗衰老作用。橄榄中还含有大量不饱和脂肪酸，能够降低胆固醇，有助于调理肠胃。

咸牛肉的香味渗入兵豆中会让沙拉变得非常好吃

兵豆咸牛肉罐头沙拉

MEAT

材料（2 人份）

蔬菜

兵豆（干燥）………………	1/2 杯
番茄……………………………	1 大个
红菊苣…………………………	1 片
红叶生菜………………………	2 片

水果

橄榄（切成圆片）…………	25g

蛋白质

咸牛肉罐头……1 小罐（约 50g）	
奶酪碎…………………………	30g
葡萄香醋调味汁（参照 P18）	
…………………………… 适量	

制作方法

1 兵豆按照包装袋标注的时间煮好，用漏勺捞出控水，散热。番茄切成边长 1cm 的块。红菊苣和红叶生菜撕成一口大小。咸牛肉罐头打开备用。

2 碗中放入步骤**1**的食材、橄榄、奶酪碎，加入葡萄香醋调味汁混合均匀。

小贴士：

‣ 兵豆煮之前不需要用水泡发。市面上也可以买到煮好的兵豆罐头。

‣ 若没有奶酪碎，也可以用奶酪粉。

甜甜的蛋黄酱和菠萝增添了一丝夏威夷风味

炸鸡块菠萝沙拉

MEAT

材料（2 人份）

蔬菜

紫洋葱……………………	1/4 个
红叶生菜…………………	3 片

水果

菠萝………………………	1/6 个

蛋白质

炸鸡块（参照下方制作方法）
………………………… 8 个

现磨黑胡椒………………	少量
Ⓐ 橄榄油 ………………	1 大勺
蛋黄酱 ………………	2 大勺
酸奶 …………………	1 大勺
甜辣酱 ………………	2 大勺

补充
知识

菠萝

菠萝富含蛋白质分解酵素，能促进消化，减轻肠胃负担。酵素还可以预防暑热疲倦、减轻疲劳。

小贴士：

炸鸡块要等到余热散去之后再与蔬菜混合。如果想要趁热吃，可以放在拌好的蔬菜上食用。

制作方法

1 紫洋葱切成极薄的片，在凉水中浸泡 5 分钟左右（a），捞出控水。红叶生菜撕成一口大小。菠萝切成边长 2cm 的块。

2 将步骤1的食材、散去余热的炸鸡块放入碗中，加入混合好的Ⓐ，搅拌均匀。盛出装盘，可以根据喜好撒上现磨黑胡椒。

使用生洋葱时，为了使其辣味不那么冲，要在切好之后放入凉水中浸泡备用。

★ ─────────────────────

炸鸡块的制作方法

材料（易操作的量）

2 片鸡腿肉，A【1 瓣大蒜（捣成泥）、1 块姜（连皮切成薄片）、1 根葱（取用绿色的葱叶部分）、2 大勺酱油、1½ 大勺酒、1 小勺砂糖、1/2 小勺盐、少量胡椒粉】，1 个鸡蛋，3 大勺低筋面粉，3 大勺太白粉，适量油炸用油

1 鸡腿肉切成厚度均匀的 6~8 等份。将鸡肉和 A 一起放入碗中，用手揉搓混合，使鸡肉入味。

2 将步骤 1 的食材和蛋液混合，放入冰箱冷藏腌渍 30 分钟以上（若时间充足，可腌渍半天左右）。

3 将低筋面粉和太白粉加入步骤 2 的食材中，混合均匀。将裹好面衣的鸡块放入 170℃的油中炸（a），炸好后置于滤网上控油 3 分钟左右。

不要马上触碰刚放入油锅中的鸡块，待面衣凝固后再用筷子夹着炸。让鸡块稍微露出油面，就能炸得酥脆。待鸡块变成黄褐色后转大火再炸一会儿。

具有美颜效果的大盘松软米饭

姜黄米饭沙拉

MEAT

材料（2 人份）

蔬菜

西葫芦……………………	1/2 根
洋葱……………………	1/4 个
小番茄…………………	4 个

水果

蔓越莓干…………………	2 大勺

蛋白质

烤香肠…………………	4 根

姜黄米饭（参照下方制作方法）
………………… 2 杯

Ⓐ	橄榄油 ………………	3 大勺
	米醋 ………………	1 大勺
	盐 ………………	2 小撮
	胡椒粉 ………………	少量

制作方法

1 烤香肠切成 1cm 厚的圆片。在平底锅中放入 1 小勺橄榄油（分量外）加热，放入烤香肠，开中火炒至轻微上色。

2 西葫芦切成边长 8mm 的小块，稍微过水焯一下。洋葱切末，置于凉水中浸泡 5 分钟左右，然后捞出控水。小番茄对半切开。

3 碗中放入步骤 **1**、**2** 的食材和蔓越莓干、姜黄米饭，再加入Ⓐ混合均匀。

补充知识

蔓越莓干

蔓越莓含有抑制雀斑色素和黑色素生成的物质，具有美颜功效。水果干和新鲜水果含有等量的营养成分，只需摄入少量，效果就会很明显。

★ ────────────────

姜黄米饭的制作方法

材料（易操作的量）

360mL 米，A（1 大勺姜黄、1 片月桂叶、1 小勺盐、2 大勺酒、1 大勺橄榄油）

在电饭锅中放入淘好的米、A，加水至相应刻度线，蒸好米饭。

用电饭锅就可以轻松蒸出姜黄米饭，而且蒸好的米饭香气浓郁、色泽饱满，非常适合用来做米饭沙拉。

小贴士：

烤香肠、西葫芦和蔓越莓干分别用培根、芦笋和葡萄干代替，也很美味。

水灵灵的桃子非常适合
与咸咸的火腿搭配食用

生火腿桃子沙拉

MEAT

材料（2 人份）

蔬菜

芦笋························· 3 根

蚕豆······················ 8 个豆荚

水果

桃子························· 1 个

柠檬······················ 1/4 个

蛋白质

生火腿······················ 6 片

农家奶酪······················ 4 大勺

法式调味汁（参照 P19）
······················ 适量

制作方法

1 芦笋切去老茎，去掉叶鞘，横向切成 3 等份。从豆荚中取出蚕豆，剥去外皮。芦笋和蚕豆都用盐水焯一下。

2 桃子剥皮去核，切成弓形。柠檬洗净，带皮切成极薄的银杏叶片形。

3 碗中放入步骤 **1、2** 的食材和生火腿、农家奶酪，再加入法式调味汁混合均匀。

带有香辛料味道的水果，吃起来醇厚味美

牛油果香蕉咖喱风味沙拉

MEAT

材料（2 人份）

蔬菜

蔬菜嫩叶······················· 1 袋

水果

牛油果······················· 1 个
香蕉······················· 1 根

蛋白质

培根······················· 4 片

Ⓐ 橄榄油 ············· 1 大勺
  柠檬汁 ············· 2 小勺
  盐、胡椒粉 ······· 各少量
Ⓑ 蛋黄酱 ············· 2 大勺
  橄榄油 ············· 1 大勺
  酸奶 ············· 2 大勺
  咖喱粉 ············· 1/2 小勺

制作方法

1 培根切成 2cm 宽的小段。在小平底锅中放入 1 小勺橄榄油（分量外）加热，放入培根，炒至香脆。然后将炒好的培根放到厨房用纸上控油。

2 牛油果去皮去核，切成边长 1cm 的块。香蕉去皮，切成 1cm 厚的圆片。

3 将蔬菜嫩叶放入碗中，加入Ⓐ稍稍搅拌一下。装盘。

4 另取一个碗，放入步骤**1**、**2**的食材，将Ⓑ搅匀后放入碗中混合，然后倒在步骤**3**的食材上即可。

一盘可以待客的华丽料理

牛排覆盆子沙拉

MEAT

材料（2 人份）

蔬菜

红菊苣…………………………	3 片
蔬菜嫩叶…………………………	1 袋
薄荷叶…………………………	1 把

水果

覆盆子…………………………	10 个
蓝莓…………………………	10 个

蛋白质

牛排用牛腿肉…	1 片（约 200g）

盐…………………………	4 小撮
胡椒粉…………………………	少量
橄榄油…………………………	2 小勺
覆盆子调味汁（参照 P19）	
…………………………	适量
帕尔玛干酪…………………	适量
现磨黑胡椒…………………	少量

制作方法

1　煎牛肉前，先将牛肉放置至室温，放置时间为 30 分钟，同时撒上盐和胡椒粉。将橄榄油倒在铁板上或平底锅中加热，放入牛肉后开稍大的中火，煎大概 2 分 30 秒，直至两面上色（a）。用锡箔纸包住牛肉，用余温继续加热 5 分钟左右，然后切成小条。

2　红菊苣用手撕成方便食用的大小。

3　将步骤**1**的牛肉条并排摆放在容器里，撒上步骤**2**的食材、蔬菜嫩叶、薄荷叶、覆盆子、蓝莓，浇上覆盆子调味汁，再撒上帕尔玛干酪和现磨黑胡椒。

牛肉用稍大的中火先煎 1 分 30 秒，然后翻面煎大约 1 分钟。制作技巧：一是煎之前让牛肉完全恢复至室温；二是要用锡箔纸包裹刚刚煎好的牛肉，用余温继续加热。

补充知识

覆盆子

覆盆子富含抗氧化作用强大的多酚和维生素 C。最近研究发现，覆盆子中的"覆盆子酮"能促进脂解酶与脂肪结合，因而可以达到加快脂肪燃烧的效果。

小贴士：

虽然红菊苣和紫甘蓝非常相似，但它们分属于不同的植物种属。红菊苣是菊苣属，带有淡淡的苦味和爽脆的口感，常用于制作沙拉。

鸡肉代替火腿成为新的经典沙拉

熟鸡肉无花果沙拉

MEAT

材料（2 人份）

蔬菜

蔬菜嫩叶	1 袋

水果

无花果	2 个
蓝莓	8 个
柠檬	1/4 个

蛋白质

熟鸡肉（市售）	1 块

芝麻调味汁（参照 P18）

.... 适量

制作方法

1　熟鸡肉切成薄片。无花果去皮，纵向切成 6 等份。柠檬洗净，带皮切成极薄的银杏叶片形。

2　容器中并排放入熟鸡肉，上面放上蔬菜嫩叶和无花果，再撒上蓝莓和柠檬，浇上芝麻调味汁。

小贴士：

熟鸡肉是超市和便利店的人气商品，即用真空袋包装的煮熟的鸡胸肉，有大蒜和香草等多种口味。

红色素中蕴含着强大的抗氧化力量

甜菜樱桃藜麦红色沙拉

MEAT

材料（2 人份）

蔬菜

甜菜…………………… 1/2 个

水果

美国樱桃………………… 3 个

柠檬…………………… 1/3 个

蛋白质

生火腿………………… 3 片

藜麦…………………… 1/2 杯

奇亚籽………………… 1 小勺

覆盆子调味汁（参照 P19）

………………… 适量

制作方法

1 甜菜切成一口大小的滚刀块，然后煮至变软。将藜麦放入热水中煮大约 15 分钟，用滤网捞出。奇亚籽用水泡发大约 30 分钟。

2 将每片生火腿切成 4 等份。美国樱桃去核。柠檬洗净，带皮切成极薄的银杏叶片形。

3 将步骤 1、2 的食材放入碗中，加入覆盆子调味汁混合均匀。

小贴士：

‣ 藜麦是现在最受关注的谷物，其碳水化合物含量较低，蛋白质、不饱和脂肪酸、膳食纤维、钙等各种营养素含量均衡。

‣ 若没有樱桃，可以用蓝莓代替。

为挂面增添果香和民族风情

涮牛肉酸橙挂面沙拉

MEAT

材料（2 人份）

蔬菜
红甜椒……………………… 1/4 个
秋葵………………………… 4 根
香菜………………………… 1/2 把
薄荷叶……………………… 1 小撮

水果
粉红西柚…………………… 1/2 个
酸橙………………………… 1/2 个

蛋白质
涮肉用牛肉………………… 150g

挂面………………………… 1 把
Ⓐ 橄榄油 ……………… 3 大勺
　 甜辣酱 ……………… 2 大勺
　 鱼露 ………………… 2 小勺
　 酸橙汁 ……………… 1/2 个份
　 胡椒粉 ……………… 少量

制作方法

1 红甜椒切成细丝。秋葵放在案板上滚压一下，再焯盐水，待余热散去后切成 1cm 厚的圆片。取香菜的叶子备用。粉红西柚剥去皮和里面的薄膜，然后分成小瓣。酸橙洗净，连皮切成极薄的半月形。

2 挂面按照包装袋上标注的时间煮熟，用滤网捞出过凉水，然后沥干水分。

3 另取一口锅倒入水煮沸，将牛肉一片一片放入（a）。煮熟后放入冰水中，捞出置于厨房用纸上控水，散热。

4 碗中放入步骤**1**、**2**、**3**的食材和薄荷叶，加入Ⓐ混合均匀。

牛肉必须先展开再放入热水中，在完全变色之前捞出，不要煮得太过，以保持肉质软嫩。

补充知识

薄荷叶

薄荷叶香气清新，能让人心情放松，有镇静、镇痛的作用。薄荷生命力顽强，将剩余的薄荷叶插入土中就能生根发芽，不用照看也可以轻松培育成功。

小贴士：

‣ 薄荷和香菜不能完全凑齐也没关系，有一样即可。这两种香草和民族风味的料理都非常相配。

‣ 用粉丝或米粉代替挂面做出来的沙拉也很好吃。

赶时间的时候就这么做

快手能量沙拉

忙碌的早晨、晚归的夜晚，最适合做一碗立刻就能享用的简单沙拉。不用复杂的调味汁，水果使用常见的即可。

1
鲜虾橄榄沙拉

材料（2人份）

红叶生菜	3片
橄榄（切成圆片）	25g
水煮虾	8只
蛋黄酱	喜欢的量

制作方法

1 虾纵向切半。红叶生菜用手撕成方便食用的大小。

2 容器中放入步骤1的食材、橄榄，再挤上蛋黄酱。

2
蔓越莓蔬菜嫩叶沙拉

材料（2人份）

蔬菜嫩叶	1袋
蔓越莓干	3大勺
帕尔玛干酪	适量
橄榄油	2大勺
米醋	2小勺
盐、胡椒粉	各少量

制作方法

1 在碗中放入蔬菜嫩叶、蔓越莓干、橄榄油混合，然后加入米醋、盐、胡椒粉混合均匀。

2 将步骤1的食材装盘，撒上帕尔玛干酪。

3

火腿无花果沙拉

材料（2 人份）

红叶生菜··················	3 片
无花果··················	1 个
火腿··················	3 片
白芝麻粉··················	1 大勺
Ⓐ 橄榄油 ··················	2 大勺
米醋 ··················	1 大勺
盐 ··················	2 小撮
胡椒粉··················	少量

制作方法

1 将每片火腿都对半切开，再切成 5mm 宽的细条。红叶生菜用手撕成方便食用的大小。无花果去皮竖着切成 6 等份。

2 碗中放入步骤 **1** 的食材，加入Ⓐ混合均匀。盛出装盘，撒上白芝麻粉。

4

圆白菜小白鱼干沙拉

材料（2 人份）

圆白菜··················	1/4 个
柠檬··················	1/4 个
小白鱼干··················	3 大勺
盐海带··················	3 大勺
Ⓐ 橄榄油 ··················	2 大勺
盐、胡椒粉 ··················	各少量

制作方法

1 圆白菜切丝。柠檬洗净，连皮切成极薄的银杏叶片形。

2 碗中放入步骤 **1** 的食材、小白鱼干、海带，加入Ⓐ混合均匀。

荞麦中的"芸香甙"有助于促进血液循环

鲜虾无花果荞麦面沙拉

SEAFOOD

材料（2 人份）

蔬菜

胡萝卜………………………	1/2 根
黄瓜………………………	1 根

水果

无花果………………………	1 个

蛋白质

水煮虾………………………	8 只

荞麦面………………………	1 把
天妇罗油渣*………………	3 大勺
海苔碎………………………	1 小撮
Ⓐ 橄榄油 ………………	2 大勺
米醋 …………………	1 大勺
拌面调味汁 …………	1 大勺

*炸天妇罗时产生的面衣油渣。

**补充
知识**

荞麦面

荞麦所含的芸香甙是多酚的
一种，有着强大的抗氧化作
用。它不仅可以强化毛细血
管，还有助于改善血液质量
和防治生活方式病。丰富的膳
食纤维也可以防治便秘。

制作方法

1 胡萝卜切细丝。黄瓜切成与胡萝卜同样的长短粗细。无
花果切碎（a）。

2 用足量的水将荞麦面按照包装袋上标注的时间煮熟，然
后用滤网捞出，过冷水，再沥干水分。

3 碗中放入步骤1、2的食材和虾、天妇罗油渣，加入Ⓐ混
合均匀。盛出装盘，撒上海苔碎，搅拌均匀后食用。

无花果用刀切碎，这样便可
以很好地和荞麦面以及其他
食材混合。也可以根据喜好，
将一半的无花果切成块。

小贴士：

‣ 如果没有无花果，可以用桃子、柿子、梨等其他水果。

‣ 将水果放入冰箱冷冻，取出后直接磨碎加入。这样就变成了
适合夏天食用的凉面。

凉意面搭配大量蔬菜和水果

鲜虾梨意面沙拉

SEAFOOD

材料（2 人份）

蔬菜

番茄⋯⋯⋯⋯	中等大小的 1 个
蔬菜嫩叶⋯⋯⋯⋯⋯	1 袋
罗勒叶⋯⋯⋯⋯⋯⋯	6 片

水果

梨⋯⋯⋯⋯⋯⋯⋯⋯	1/3 个

蛋白质

水煮虾⋯⋯⋯⋯⋯⋯	10 只

意大利细面（也可用短面或挂面）
⋯⋯⋯⋯⋯⋯⋯⋯⋯⋯⋯60g

Ⓐ	橄榄油 ⋯⋯⋯⋯	3 大勺
	米醋 ⋯⋯⋯⋯⋯	1 大勺
	盐 ⋯⋯⋯⋯⋯	2 小撮
	胡椒粉 ⋯⋯⋯⋯	少量

补充知识

番茄

番茄的红色素——"番茄红素"
有很强的抗氧化作用，即便加
热也不会被破坏。此外，番茄
还有抑制甘油三酯生成、降低
血脂的效果。

制作方法

1 每只虾都切成 3~4 等份。梨去皮去核，切成边长 1cm 的块。番茄切大块。

2 煮意面的时间比包装袋上标注的时间多 1 分钟，煮好后用滤网捞出，过凉水，再沥干水分。

3 碗中放入步骤 **1**、**2** 的食材和蔬菜嫩叶、罗勒叶，加入Ⓐ混合均匀。

可以品尝到薏米软糯的口感

海鲜薏米沙拉 SEAFOOD

材料（2 人份）

蔬菜	
甜椒……………………	1 个
番茄…………	中等大小的 1 个

水果	
酸橙……………………	1/2 个
橄榄（切成圆片）…………	30g

蛋白质	
混合海鲜………………	1 袋

薏米……………………		2 大勺
Ⓐ 橄榄油 …………		3 大勺
柠檬汁 …………		1 大勺
盐 …………		2 小撮
胡椒粉 …………		少量

补充知识

薏米

薏米中的蛋白质、类脂质及铁的含量分别是糙米的2倍、1.8倍、2倍以上，属于营养价值非常高的谷物，具有提高免疫力、消除水肿的效果。

制作方法

1 甜椒切末。番茄切成边长 1cm 的块。酸橙洗净，连皮切成极薄的银杏叶片形。

2 薏米在水中浸泡 3 小时，然后用盐水煮大约 3 分钟（煮好的薏米可以冷冻保存），煮好后用滤网捞出，控水散热。

3 碗中放入步骤 **1**、**2** 的食材和混合海鲜、橄榄，加入Ⓐ混合均匀。

煎香的三文鱼和甘甜的樱桃非常相配

煎三文鱼樱桃沙拉

SEAFOOD

材料（2 人份）

蔬菜

红叶生菜……………………	3 片
莳萝……………………	1/3 袋

水果

樱桃……………………	8 个
柠檬……………………	1/2 个

蛋白质

三文鱼……………………	2 块

法式调味汁（参照 P19） … 适量

制作方法

1 红叶生菜用手撕成方便食用的大小。莳萝摘下叶子。樱桃去核。柠檬洗净，连皮切成极薄的半月形。

2 三文鱼去皮去骨，然后切成边长 2cm 的块，撒上少量的盐和胡椒粉。在铁板上或者平底锅中放入 2 小勺橄榄油加热，放入鱼块，边煎边翻面（a）。

3 碗中放入步骤**1**、**2**的食材，加入法式调味汁混合均匀。

将三文鱼切成和樱桃差不多的大小。开大火稍微煎一下表面，注意不要弄碎鱼肉。

补充知识

樱桃

樱桃富含维生素 A 和维生素 C，以及磷、钙、钾等矿物质。樱桃中铁的含量在所有水果中最高，对于改善贫血很有帮助。樱桃一般在 6~7 月上市。

小贴士：

莳萝非常适合搭配鱼类料理。与三文鱼的搭配是北欧等国的经典组合。

法式长棍面包能增加饱腹感

扇贝草莓面包沙拉

SEAFOOD

材料（2人份）

蔬菜

苦苣………………………	2片
蔬菜嫩叶………………………	1袋

水果

草莓………………………	4个

蛋白质

刺身用扇贝………………	8个

法式长棍面包（切成5mm	
厚的薄片）…………	6片
凯撒调味汁（参照P19）	
………………………	适量
橄榄油………………	1大勺
现磨黑胡椒……………	适量

制作方法

1 草莓纵向切成4等份。扇贝切成和草莓差不多的大小。苦苣用手撕成方便食用的大小。

2 碗中放入步骤**1**的食材、蔬菜嫩叶、法式长棍面包，加入凯撒调味汁和橄榄油，混合均匀。盛出后装盘，撒上现磨黑胡椒。

葡萄香醋的美味让整道沙拉融为一体

金枪鱼橙子意式沙拉

SEAFOOD

材料（2人份）

蔬菜

芝麻菜	1 袋
细叶芹	1/3 袋

水果

橙子	1 个

蛋白质

刺身用金枪鱼	200g

葡萄香醋调味汁（参照 P18）

.... 适量

制作方法

1 用厨房用纸擦干金枪鱼的水分，然后切成边长 1cm 的块。芝麻菜横向 3 等分切成小段。取细叶芹的叶子备用。橙子去皮和里面的薄膜，再分成小瓣。

2 碗中放入步骤**1**的食材，加入葡萄香醋调味汁，混合均匀。

熟透的杧果口感软糯，是美味的关键

鲜虾杧果民族风粉丝沙拉

SEAFOOD

材料（2 人份）

蔬菜

甜椒··························	1 个
番茄············· 中等大小的 1 个
紫洋葱····················	1/4 个
香菜·······················	1 把

水果

杧果·······················	1 个
酸橙（切成弓形）·········	适量

蛋白质

水煮虾····················	10 只

粉丝·······················	18g
Ⓐ 橄榄油 ·················	3 大勺
酸橙汁 ···············	1/2 个份
盐 ······················	2 小撮
胡椒粉 ·················	少量

制作方法

1 虾纵向切半。甜椒切末，番茄切粗末。紫洋葱切末，放入凉水中浸泡 5 分钟左右，捞出控水。取香菜的叶子备用（a）。杧果切成边长 1cm 的块。

2 粉丝用热水泡发，或者焯一下，沥干水分后切成 10cm 长的段。

3 碗中放入步骤 1、2 的食材，加入Ⓐ混合均匀。盛出装盘，放上酸橙，挤出酸橙汁后食用。

这里没有使用较硬的香菜茎，只用了摘下的叶子。这样香菜就不会卡在牙缝中，各种食材混合起来也更容易。也可以用同样的方法处理其他香草类食材。

补充知识

杧果

杧果中叶酸的含量要比其他水果多。叶酸可以促进红细胞的生成和成熟，是制造红细胞不可缺少的物质，对预防贫血有显著效果。

小贴士：

▸ 甜椒和紫洋葱切末之后更容易和粉丝混合。

▸ 如果是冷冻杧果，须解冻后再使用。

▸ 若没有酸橙，可以用米醋或者台湾香檬等其他柑橘类水果代替。

非常适合作为前菜的一盘清爽沙拉

蜜瓜生火腿马苏里拉奶酪沙拉

MILK

材料（2 人份）

蔬菜

蔬菜嫩叶··················	1 袋
薄荷叶··················	1 小撮

水果

哈密瓜··················	1/4 个

蛋白质

马苏里拉奶酪··············	1 个
生火腿··················	2 片
现磨黑胡椒················	少量
Ⓐ 橄榄油 ···············	2 大勺
白葡萄香醋 ···········	1 大勺
盐 ·················	2 小撮
胡椒粉 ···············	少量

制作方法

1 每片生火腿都切成 4 等份。马苏里拉奶酪用手掰成边长 2cm 的块（a）。哈密瓜切成边长 2cm 的块。

2 碗中放入步骤**1**的食材、蔬菜嫩叶、薄荷叶，加入Ⓐ混合均匀。盛出装盘，撒上现磨黑胡椒。

马苏里拉奶酪不要用刀切，要用手掰开。断面凹凸不平才能和调味料很好地混合，口感也会更好。

补充
知识

蔬菜嫩叶

蔬菜嫩叶指的是发芽 1 个月以内的叶菜的嫩叶。不同商品中的蔬菜种类也会有所不同，一般为京水菜、芝麻菜、甜菜嫩叶等。嫩叶中富含促进生长的能量。

小贴士：

除了哈密瓜，还推荐使用西瓜或者桃子。

多汁的橘子是美味的关键

杂豆橘子沙拉

MILK

材料（2 人份）

蔬菜

秋葵·······················6 根

杂豆（真空包装）··········1 杯

水果

橘子·······················1 个

蛋白质

再制奶酪····················40g

Ⓐ 橄榄油 ···············3 大勺

白葡萄香醋 ···········1 大勺

盐 ·················2 小撮

胡椒粉 ··············少量

制作方法

1 再制奶酪切成边长 8mm 的小块。秋葵放在案板上滚压一下，再焯盐水，待余温散去后斜着切成 2~3 等份。橘子先横向对半切开，剥皮后分成小瓣。

2 碗中放入步骤**1**的食材、杂豆，加入Ⓐ混合均匀。

小贴士：

▸ 建议使用温室栽培的甜度较高的橘子。

▸ 如果使用的是水煮杂豆，要先沥干水分再做成沙拉。

PART ③

固本培元的

晚

能量沙拉

晚餐要吃一些温和且有助消除疲劳的食物。维护好身体，才能酝酿出明日的满满活力。

DINNER

爆炒鸡胗脆嫩无比，一定要趁热吃

鸡胗芝麻菜沙拉

MEAT

材料（2 人份）

蔬菜

芝麻菜…………………………	1 把
蔬菜嫩叶…………………………	1 袋

水果

蔓越莓干…………………………	7g

蛋白质

鸡胗…………………………	5 个

葡萄香醋调味汁（参照 P18）

………………………… 适量

颗粒芥末酱……………… 1 小勺

补充
知识

芝麻菜

深绿色蔬菜中所含的叶绿素
能够促进血液循环，预防动
脉硬化等血管疾病，还能改
善肩周炎和怕冷体质。

制作方法

1 芝麻菜切成 3cm 长的小段。

2 鸡胗切成方便食用的大小（a）。在平底锅中放入 2 小勺橄榄油加热，开稍大的中火，放入鸡胗炒至香脆，撒上少量盐。

3 在葡萄香醋调味汁中加入颗粒芥末酱搅拌均匀。

4 碗中放入步骤**1**、**2**的食材和蔬菜嫩叶、蔓越莓干，再加入步骤**3**的食材混合均匀。

鸡胗要先切断中间的连接
处，再切成小块。青白色的
部分非常坚硬，要去掉。

小贴士：

颗粒芥末酱适合搭配肉类，加在葡萄香醋调味汁中，能为沙拉
增添酸味和辣味。

杏干的甜度非常高，搭配牛肉十分美味

烤牛肉杏干沙拉

MEAT

材料（2 人份）

蔬菜

四季豆	8 根
白色双孢菇	6 个
红菊苣	2 片

水果

杏干	5 个

蛋白质

烤牛肉（市售）	300g

葡萄香醋调味汁（参照 P18）
.... 适量

制作方法

1 烤牛肉切成方便食用的大小。四季豆去筋，再撒上一点盐。蘑菇 4 等分切成薄片。红菊苣用手撕成方便食用的大小。杏干切成边长 8mm 的小块。

2 碗中放入步骤1的食材，加入葡萄香醋调味汁混合均匀。

小贴士：

如果用的是新酿的葡萄香醋，拌入沙拉之前先稍微煮一会儿，这样可以增加调味汁的浓度。为了不让调味汁渗入鲜蘑菇中，防止腌渍得太过，尽量早一些食用。

在辛辣的萨拉米香肠面前，蔬菜的清香也丝毫不会逊色

无花果干萨拉米香肠沙拉

MEAT

材料（2 人份）

蔬菜

红叶生菜……………………… 3 片

鸭儿芹……………………… 1/2 把

水果

无花果干………………… 5 个

蛋白质

萨拉米香肠（切成薄片）… 6 片

法式调味汁（参照 P19）

………………………… 适量

制作方法

1　萨拉米香肠切成 8mm 宽的小条。红叶生菜用手撕成方便食用的大小。鸭儿芹横向切成长度相等的 6 段。无花果干 4 等分切成薄片。

2　碗中放入步骤**1**的食材，加入法式调味汁混合均匀。

小贴士：

萨拉米香肠要切成极薄的片。所有的辣味香肠均适合制作此款沙拉。

酸甜的苹果能够盖住奶酪的味道

煎鸡肉苹果
蓝纹奶酪沙拉

MEAT

材料（2 人份）

蔬菜	
菊苣……………………	1 个
红菊苣…………………	2 片
苦苣…………………	2 片

水果	
苹果……………………	1/3 个

蛋白质	
鸡腿肉…………………	1 块
蓝纹奶酪………………	15g

香酥核桃………………	30g
凯撒调味汁（参照 P19）	
……………………	适量

补充
知识

苹果

苹果中含有大量具有抗氧化
作用的"苹果多酚"和膳食
纤维，对于改善便秘和淡化
雀斑、皱纹有很好的效果。
此外，苹果还可以增强新陈
代谢，消除水肿。

制作方法

1 菊苣切成3等份。红菊苣、苦苣用手撕成方便食用的大小。苹果洗净去核，连皮切成银杏叶片形。

2 鸡肉上撒上少量的盐和胡椒粉。在平底锅中倒入 2 小勺橄榄油加热，将鸡肉煎一下，煎好后取出切成小块。

3 碗中放入步骤 **1**、**2** 的食材和香酥核桃，然后放入用手撕碎的蓝纹奶酪，最后加入凯撒调味汁混合均匀。

将鸡肉放入平底锅中，先煎鸡皮，开稍大一些的中火，煎至鸡皮变脆且呈黄褐色。煎鸡肉时若渗出过多油分，需要擦掉。

鸡皮煎好后，将鸡肉翻面，转小火再煎 2~3 分钟。鸡皮彻底煎熟，鸡肉才能慢慢受热变紧实。

小贴士：
如不习惯蓝纹奶酪的味道，可以用味道稍淡的农家奶酪代替。

微甜的柿子搭配浓香的芝麻

鸡胸肉柿子沙拉

MEAT

材料（2 人份）

蔬菜

豆芽	1 袋
黄瓜	1 根

水果

柿子	1 个

蛋白质

鸡胸肉	3 块

芝麻调味汁（参照 P18）

··· 适量

制作方法

1 鸡胸肉去筋，用极弱的小火煮 5 分钟左右，然后取出散热，再用手撕开。豆芽焯水后用漏勺捞出控水。黄瓜切丝。柿子切成边长 1cm 的块。

2 碗中放入步骤**1**的食材，加入芝麻调味汁混合均匀。

小贴士：

豆芽不用煮，用画圈的方式浇入热水，口感会更脆。

甘甜中可以品尝到红菊苣的苦味

红薯橘子沙拉

MEAT

材料（2 人份）

蔬菜

红薯·················· 大的 1 个

红菊苣················ 2 片

水果

橘子·················· 小的 1 个

蛋白质

培根·················· 1 片

Ⓐ 蛋黄酱 ··········· 2 大勺

  橄榄油 ··········· 2 大勺

  酸奶 ············· 2 大勺

  颗粒芥末酱 ········ 2 小勺

制作方法

1 红薯剥皮，切成一口大小，放入可加热的容器中，然后盖上保鲜膜，放入微波炉中加热 6~8 分钟，直至红薯变软。趁热大致捣碎再冷却。

2 红菊苣切成大块。橘子横向对半切开，去皮后分成小瓣。

3 培根切成 5mm 宽的小条。在小平底锅中放入 1 小勺橄榄油（分量外）加热，放入培根炒至香脆，取出后放在厨房用纸上控油。

4 碗中放入步骤1、2、3的食材，将Ⓐ混合均匀后加入碗中。

73

苹果调味汁可以很好地平衡酸味和甜味

猪肉秋葵大蒜酱油沙拉

MEAT

材料（2 人份）

蔬菜

秋葵·························· 10 根

西蓝花嫩芽·················· 1 袋

小葱·························· 3 根

水果

苹果·························· 1/2 个

蛋白质

涮肉用的猪肉·················· 200g

白芝麻························ 2 大勺

大蒜苹果调味汁（参照 P18）

·························· 适量

制作方法

1 秋葵放在案板上滚压一下，再焯盐水，冷却后斜着切开。小葱切小段。苹果洗净去核，连皮切成极薄的银杏叶片形。

2 猪肉用加了少量酒的热水焯一下，捞出散热，控干水分。

3 碗中放入步骤 **1**、**2** 的食材和西蓝花嫩芽、白芝麻，加入大蒜苹果调味汁混合均匀。

莲藕清脆的口感是美味的关键

鸡肉莲藕
无花果沙拉

MEAT

材料（2 人份）

蔬菜

秋葵·····················6 根

莲藕·····················1 小节

水果

无花果·····················1 个

蛋白质

鸡腿肉·····················1 块

芝麻调味汁（参照 P18）

·····················适量

制作方法

1 秋葵放在案板上滚压一下，再焯盐水，冷却后竖着切半。

2 莲藕切成 3mm~4mm 厚的薄片。在平底锅中放入 2 小勺橄榄油加热，放入莲藕，用中火将两面煎至轻微上色。

3 鸡肉撒上少量盐和胡椒粉。在平底锅中倒入 2 小勺橄榄油加热，放入鸡肉煎熟（详细煎制方法参照 P71），煎好取出，切成小块。

4 无花果用刀切碎，加入芝麻调味汁搅拌均匀。按照步骤 3、2、1 的顺序依次装盘，最后浇上调味汁。

利用周末制作沙拉

预制能量沙拉

预制沙拉很适合利用周末等闲暇时间做好备用。当觉得没吃饱还差一盘的时候，就可以拿出来品尝了，非常方便。不要用容易出水的蔬菜，而要多用干货和水果干。

※ 制作分量为易操作的量。将做好的沙拉放入干净的容器中，可在冰箱冷藏保存 3~4 天。

1

干萝卜丝梅子风味沙拉

材料

干萝卜丝……………………	30g
梅子调味汁（参照 P19）……	适量
小白鱼干……………………	3 大勺
白芝麻………………………	2 大勺

制作方法

1 将干萝卜丝放入水中泡发 1 小时左右，挤干水分。

2 碗中放入步骤1的食材、小白鱼干、白芝麻，再加入梅子调味汁混合均匀。

2

玉米粒紫洋葱
蔓越莓沙拉

材料

紫洋葱……………	1 个	Ⓐ	橄榄油………	3 大勺
欧芹（切末）……	2 大勺		米醋…………	1 大勺
冷冻玉米粒（解冻）	50g		盐……………	3 小撮
蔓越莓干…………	3 大勺		胡椒粉………	少量
培根………………	3 片			

制作方法

1 紫洋葱切末，放入凉水中浸泡 5 分钟左右，捞出控水。

2 培根切成 5mm 宽的小条。在小平底锅中放入 1 小勺橄榄油（分量外）加热，放入培根煎至香脆，然后取出置于厨房用纸上控油。

3 碗中放入步骤1的食材、欧芹、玉米粒、控好油的培根、蔓越莓干，加入Ⓐ混合均匀。

3

水煮鸡胸肉
毛豆沙拉

材料

胡萝卜	1/2 根
柠檬	1/4 个
冷冻毛豆（解冻）	1 袋

水煮鸡胸肉

鸡胸肉	3 块
葱叶	1 根葱的量
生姜片	2 片
酒	2 大勺
鱼露	1 大勺

羊栖菜	30g
Ⓐ 橄榄油	2 大勺
米醋	1 大勺
胡椒粉	2 小勺

制作方法

1 锅中倒入水煮沸，然后放入酒、葱叶、生姜片，待再次沸腾后放入鸡胸肉，用小火煮5分钟。加入鱼露，然后关火让鸡肉自然冷却，取出用手撕开。

※ 煮鸡胸肉的时候一次煮好用量的 2 倍，即6块备用，用不完的鸡肉可以放在其他沙拉中或配面食用，非常方便。

2 胡萝卜切细丝。柠檬洗净，连皮切成极薄的银杏叶片形。羊栖菜放入水中浸泡 15 分钟左右，然后用热水煮大约 1 分钟，用滤网捞出，待余热散去后将水分挤干。

3 碗中放入步骤1、2的食材和毛豆，再加入Ⓐ混合均匀。

材料

胡萝卜	1 根
莳萝	3 枝
无花果干	1 个
再制奶酪	30g
烤松子	2 大勺

Ⓐ 橄榄油	2 大勺
米醋	1 大勺
盐	2 小撮
胡椒粉	少量

制作方法

1 再制奶酪切成边长 8mm 的小块。取莳萝的叶子备用。无花果干切成薄片。

2 将胡萝卜切丝放入碗中，撒上少量盐(分量外)静置 5~10 分钟，然后挤干水分。

3 碗中放入步骤1、2的食材和烤松子，再加入Ⓐ混合均匀。

4

凉拌胡萝卜沙拉

油浸沙丁鱼马铃薯沙拉

材料（2 人份）

蔬菜

马铃薯……………………	大的 2 个
西洋菜……………………	1 把

水果

蓝莓干……………………	2 大勺

蛋白质

油浸沙丁鱼…………………	1 罐

烤松子……………………	3 大勺
酱油………………………	2 小勺
葡萄香醋…………………	2 小勺
Ⓐ 橄榄油 …………………	3 大勺
法式芥末酱 …………	2 小勺
现磨黑胡椒 …………	少量

 补充知识

马铃薯

马铃薯中含有丰富的维生素C。维生素C耐热性较差，但因为有马铃薯淀粉的保护，即便加热也不会被破坏。马铃薯中的糖分含量很高，注意不要吃得太多。

制作方法

1 西洋菜去茎，剩下的部分纵向切半。

2 油浸沙丁鱼切成边长 1.5cm 的块。在平底锅中放入 2 小勺橄榄油（分量外）加热，放入油浸沙丁鱼，开稍大的中火煎至两面轻微上色。倒入酱油、葡萄香醋，翻炒收汁。

3 马铃薯去皮，切成一口大小，放入耐热容器中，盖上保鲜膜，放入微波炉加热 5~6 分钟，直至马铃薯变软，然后趁热大致捣碎，散热备用（a）。

4 碗中放入步骤1、2、3的食材和蓝莓干、烤松子，再加入Ⓐ混合均匀。

趁热捣碎马铃薯会比较容易，在完全冷却之前加入调味料混合，更容易入味。

小贴士：

‣ 若没有蓝莓干，可以用葡萄干代替。

‣ 油浸沙丁鱼可以直接食用，但调味后炒一下香气会更浓郁。

加入大量清新香草叶是美味的关键

三文鱼扇贝杧果沙拉

SEAFOOD

材料（2人份）

蔬菜

番茄·············	1个
蔬菜嫩叶············	1袋
莳萝、细叶芹·········	各1/2袋

水果

杧果··············	1个

蛋白质

刺身用三文鱼··········	1块
刺身用扇贝··········	6个

Ⓐ
橄榄油············	3大勺
柠檬汁············	2大勺
盐··············	3小撮
胡椒粉············	少量

制作方法

1 三文鱼切成边长1cm的块。扇贝划十字切成4等份。杧果切成边长1cm的块。番茄切成边长8mm的小块。取莳萝、细叶芹的叶子备用。

2 碗中放入步骤**1**的食材、蔬菜嫩叶，再加入Ⓐ混合均匀。

小贴士：

‣ 三文鱼、扇贝、杧果、番茄要切成差不多的大小。

‣ 杧果先不去皮，沿核切成3块。将外侧2块的果肉划成网格状，再将皮翻过来就可以完整地切下果肉。

在经典的白萝卜沙拉中加入扇贝，风味更佳

白萝卜扇贝梅子沙拉

SEAFOOD

材料（2 人份）

蔬菜

白萝卜…………………… 1/4 根

京水菜…………………… 1/4 把

水果

梅干…………………… 2 个

蛋白质

水煮扇贝罐头……………… 1 罐

裙带菜……30g（泡发后的净重）

白芝麻…………………… 2 大勺

Ⓐ 橄榄油 …………………… 3 大勺

米醋 …………………… 4 大勺

味啉 …………………… 2 小勺

酱油 …………………… 2 小勺

盐 …………………… 2 小撮

制作方法

1 白萝卜去掉厚厚的皮，切成丝放入水中浸泡 5 分钟左右，捞出控水。京水菜切成 4cm 长的段。裙带菜切成方便食用的大小。

2 梅干去核，用刀切碎，加入Ⓐ搅拌均匀。

3 碗中放入步骤**1**的材料、沥干汁水的扇贝、白芝麻，再加入步骤**2**的材料混合均匀。

小贴士：

‣ 跟浸泡菜叶同理，白萝卜也应放入冷水中浸泡一会儿，口感更脆，辣味也会减弱，十分可口。

‣ 用金枪鱼罐头代替扇贝罐头也很好吃。

最后挤入柠檬汁，让味道融合在一起

三文鱼橙子
农家奶酪沙拉

SEAFOOD

材料（2 人份）

蔬菜
小番茄……………………	6 个
莳萝……………………	1/2 袋

水果
橙子……………………	1 个
柠檬……………………	1/2 个

蛋白质
刺身用三文鱼……………	1 块
农家奶酪……………………	5 大勺

现磨黑胡椒……………	少量
Ⓐ 橄榄油 ……………	2 大勺
盐	2 小撮

制作方法

1 三文鱼切成薄块。小番茄横向切半。取莳萝的叶子备用。橙子去皮和里面的薄膜，分成小瓣。

2 碗中放入步骤1的食材、农家奶酪，再加入Ⓐ混合均匀。盛出后挤上柠檬汁（a），撒上现磨黑胡椒。

a

想要突显柠檬的芳香和酸味，盛出后可以挤上柠檬汁。把柠檬汁浇在食材表面，入口时更容易尝到酸味。

补充知识

橙子

除了维生素 C，橙子还富含柠檬中没有的 β－胡萝卜素。此外，柑橘类水果中的芳香成分"柠檬烯"具有放松醒脑的功效。

小贴士：
用马苏里拉奶酪代替农家奶酪，沙拉的牛奶风味会更浓。

适合夏天做的清凉刺身沙拉

白身鱼橙子沙拉

SEAFOOD

材料（2 人份）

蔬菜

蔬菜嫩叶………………………	1 袋

水果

橙子…………………………	1 个

蛋白质

刺身用鲷鱼………………	1/4 条

盐…………………………	适量
粉红胡椒…………………	适量
橄榄油……………………	适量

制作方法

1 鲷鱼切薄片。橙子去皮和里面的薄膜，切成一口大小。

2 将步骤1的食材装盘，放上蔬菜嫩叶，撒上盐和粉红胡椒，再浇上橄榄油。

小贴士：
用生鱼肉制作沙拉时，盛出之前先把容器放到冰箱中冷藏一会儿，这样吃起来会更美味。

材料（2 人份）

蔬菜
紫甘蓝⋯⋯⋯⋯⋯⋯⋯⋯ 1/6 个
茼蒿⋯⋯⋯⋯⋯⋯⋯⋯⋯ 1/2 把

水果
加州梅干⋯⋯⋯⋯⋯⋯⋯⋯ 4 个

蛋白质
小白鱼干⋯⋯⋯⋯⋯⋯⋯ 1/2 杯

香酥核桃⋯⋯⋯⋯⋯⋯⋯⋯ 30g
Ⓐ 橄榄油 ⋯⋯⋯⋯⋯⋯⋯ 3 大勺
　米醋 ⋯⋯⋯⋯⋯⋯⋯⋯ 1 大勺
　盐 ⋯⋯⋯⋯⋯⋯⋯⋯⋯ 2 小撮
　胡椒粉 ⋯⋯⋯⋯⋯⋯⋯ 少量

制作方法

1 将小白鱼干放入平底锅中，干煎至香脆。紫甘蓝切成丝放入凉水中浸泡，捞出控水。取茼蒿的叶子备用。加州梅干切成粗粒。

2 碗中放入步骤 **1** 的食材、核桃，再加入Ⓐ混合均匀。

搭配富含多酚的加州梅一起食用

紫甘蓝
茼蒿核桃沙拉

SEAFOOD

材料（2 人份）

蔬菜
蔬菜嫩叶⋯⋯⋯⋯⋯⋯⋯⋯ 1 袋

水果
李子⋯⋯⋯⋯⋯⋯⋯⋯⋯⋯ 2 个

蛋白质
蓝纹奶酪⋯⋯⋯⋯⋯⋯⋯ 15g

香酥核桃⋯⋯⋯⋯⋯⋯⋯⋯ 30g
Ⓐ 橄榄油 ⋯⋯⋯⋯⋯⋯⋯ 2 大勺
　白葡萄香醋 ⋯⋯⋯⋯⋯ 1 大勺
　盐 ⋯⋯⋯⋯⋯⋯⋯⋯⋯ 2 小撮
　胡椒粉 ⋯⋯⋯⋯⋯⋯⋯ 少量

制作方法

1 将李子切成 8 等份的弓形。

2 碗中放入步骤 **1** 的食材、蔬菜嫩叶、核桃，用手掰成小块的蓝纹奶酪，再加入Ⓐ混合均匀。

熟透的李子和奶酪是绝配

李子蓝纹奶酪沙拉

MILK

在家轻松做大受欢迎的均粒沙拉

鸡肉煮鸡蛋牛油果均粒沙拉

EGG

材料（2 人份）

蔬菜

小番茄………………………	5 个
红叶生菜………………………	2 片

水果

牛油果………………………	1 个

蛋白质

鸡腿肉………………………	1 块
煮鸡蛋………………………	2 个
培根………………………	4 片

奶酪碎………………………	1/2 杯
Ⓐ 蛋黄酱 ……………………	5 大勺
番茄酱 ……………………	1 大勺
酸奶 ……………………	2 大勺
蜂蜜 ……………………	1/2 小勺
盐 ……………………	2 小撮

制作方法

1 煮鸡蛋切成边长 1cm 的块。小番茄横向切半。红叶生菜用手撕成方便食用的大小。牛油果切成边长 1cm 的块，撒入少量柠檬汁以防变色（a）。

2 鸡肉撒上少量盐和胡椒粉（分量外）。在平底锅中倒入 2 小勺橄榄油加热，放入鸡肉煎熟（详细的煎制方法参照 P71），煎好后取出，切成边长 1cm 的块。

3 培根切成 1cm 长的小段。在小平底锅中放入 1 小勺橄榄油加热，放入培根炒至香脆，取出置于厨房用纸上控油。

4 将步骤 1、2、3 的食材装盘，撒上奶酪碎。将Ⓐ搅拌均匀后放在盘边。食用时均匀浇入调味酱，再将所有食材拌匀。

制作均粒沙拉的关键在于，将所有食材切成差不多一样的大小。大小均等的食材不仅调拌方便，也更容易裹匀调味汁。

小贴士：

在调味酱中加一些酸奶，会更容易包裹住食材，还能减少调味酱的用量。

浓郁的奶酪和柿子非常相配

紫甘蓝柿子
奶油奶酪沙拉

MILK

材料（2 人份）

蔬菜	
紫甘蓝……………………	1/4 个

水果	
柿子……………………	1 个

蛋白质	
奶油奶酪…………………	100g

现磨黑胡椒………………	少量
香酥核桃…………………	30g
Ⓐ 橄榄油 …………	1½ 大勺
米醋 …………	1 大勺
盐 …………	2 小撮

补充
知识

紫甘蓝

紫色蔬菜富含多酚。紫甘蓝
中维生素 C 的含量是绿甘蓝
的 1.6 倍，帮助代谢物排出
体外的钾、提高骨密度的维
生素 K 的含量是绿甘蓝的
1.5 倍。

制作方法

1 紫甘蓝切丝，撒上 2 小撮盐（分量外），静置 5~10 分钟，
挤干水分备用。

2 奶油奶酪切成边长 1cm 的块（如果太硬，可先放入微波
炉中加热 20 秒左右）。柿子切成边长 1cm 的块。

3 碗中放入步骤 **1**、**2** 的食材和核桃，加入Ⓐ混合均匀。盛
出装盘，撒上现磨黑胡椒，最后均匀地浇上橄榄油（分
量外）。

不起眼的盐渍银鱼是美味的关键

银鱼西柚凯撒沙拉

MILK

材料（2 人份）

蔬菜	
生菜……………………	1/2 个

水果	
西柚……………………	1/2 个

蛋白质	
帕尔玛干酪………………	适量
银鱼……………………	1/2 杯
培根……………………	4 片

法式长棍面包（切薄片）…	6 片
橄榄油…………………	2 大勺
凯撒调味汁（参照 P19）	
……………………	适量
现磨黑胡椒………………	少量
柠檬皮…………………	少量

制作方法

1 生菜用手撕成方便食用的大小。西柚去皮和里面的薄膜，分成小瓣。法式长棍面包切成边长 1cm 的块。

2 每片培根都切成 4 等份。在小平底锅中放入 1 小勺橄榄油（分量外）加热，放入培根炒至香脆，取出置于厨房用纸上控油。

3 容器中放入步骤**1**、**2**的食材，撒上银鱼，均匀地浇上橄榄油、凯撒调味汁，然后撒上帕尔玛干酪、现磨黑胡椒，最后撒上擦碎的柠檬皮。

生蘑菇口感独特

奶酪芹菜蘑菇沙拉

MILK

材料（2 人份）

蔬菜

番茄………………………	1 个
芹菜………………………	1 根
白色双孢菇………………	1 袋

水果

葡萄干…………………	2 大勺

蛋白质

帕尔玛干酪（块状）………20g

Ⓐ	橄榄油 ………………	2 大勺
	米醋 ………………	1 大勺
	盐 ………………	2 小撮
	胡椒粉 ………………	少量

制作方法

1 番茄切成边长 8mm 的小块。芹菜去筋，斜着切成薄片。白色双孢菇切成极薄的片（ a ）。

2 碗中放入步骤1的食材、葡萄干，加入Ⓐ混合均匀。盛出装盘，用奶酪刨等工具将帕尔玛干酪擦碎，撒在沙拉上。

生蘑菇直接切成薄片食用，能够品尝到蘑菇脆嫩的口感。一定要用新鲜蘑菇。

补充知识

芹菜

芹菜含铁量丰富，有助于改善贫血，可促进血液循环，建议怕冷体质的人群食用。此外，它还富含美颜必不可少的各种维生素。

小贴士：

建议使用涩味较淡的白色双孢菇。食用前切开蘑菇，调味后尽快食用，以免过度腌渍影响口感。

纳豆口感黏软

纳豆沙拉

SOY

材料（2 人份）

蔬菜

萝卜苗·············· 1 袋

水果

牛油果·············· 1 个

蛋白质

纳豆················ 2 盒

温泉蛋·············· 2 个

刺身用乌贼··········· 1 只

香酥核桃············ 30g

橄榄油·············· 2 大勺

酱油·············· 1/2 小勺

海苔碎·············· 适量

制作方法

1 乌贼切成 3cm 长的薄片。萝卜苗横向切半。牛油果切成边长 1cm 的块，撒上少量柠檬汁备用。

2 将纳豆放入碗中拌匀，待搅出黏液且豆子发白后，加入步骤 **1** 的食材、核桃、纳豆附带的调料包，还可根据喜好加入芥末，然后加入混合好的橄榄油、酱油，搅拌均匀。盛出装盘，放上温泉蛋，撒上海苔碎。

小贴士：

乌贼可以用金枪鱼刺身或者水煮虾代替。

INDEX
蔬菜、水果索引

蔬菜重量一览表

若想身体健康，就要保证蔬菜的摄入量在每天350g以上。以右侧一览表为基准，用能量满满的沙拉来完成目标吧。

＊重量只是参考标准。因品种、个体的差异，重量会有所不同。所示重量包括舍弃部分的重量，不是净重。

蔬菜	单位	重量	蔬菜	单位	重量
芦笋	1 把	100g	洋葱	1 个	200g
芜菁	1 个	100g	番茄	1 个	150~200g
南瓜	1 个	1200g	胡萝卜	1 根	150~200g
圆白菜	1 个	1200~1500g	红辣椒	1 个	150g
黄瓜	1 根	100g	甜椒	1 个	35~40g
红薯	1 根	200~250g	西蓝花	1 棵	200g
马铃薯	1 个	150g	小番茄	1 个	10~15g
芹菜	1 根	100g	生菜	1 个	300g
白萝卜	1 根	1000g	莲藕	1 节	180~200g

TITLE：［POWER SALAD パワーサラダ］

BY：［平冈 淳子］

Copyright © TATSUMI PUBLISHING CO., LTD. 2016

Original Japanese language edition published by TATSUMI PUBLISHING CO., LTD.

All rights reserved. No part of this book may be reproduced in any form without the written permission of the publisher.

Chinese translation rights arranged with TATSUMI PUBLISHING CO., LTD., Tokyo through NIPPAN IPS Co., Ltd.

本书由日本辰巳出版株式会社授权北京书中缘图书有限公司出品并由煤炭工业出版社在中国范围内独家出版本书中文简体字版本。

著作权合同登记号：01-2018-3750

图书在版编目（CIP）数据

能量沙拉 /（日）平冈淳子编著；宁瑞译. --北京
：煤炭工业出版社，2018
　　ISBN 978-7-5020-6851-6

　　Ⅰ.①能… Ⅱ.①平…②宁… Ⅲ.①沙拉－菜谱
Ⅳ.①TS972.118

中国版本图书馆CIP数据核字(2018)第205052号

能量沙拉

编　著	（日）平冈淳子		译　者	宁　瑞
策划制作	北京书锦缘咨询有限公司（www.booklink.com.cn）			
总 策 划	陈　庆		策　划	滕　明
责任编辑	马明仁		编　辑	郭浩亮
设计制作	王　青			

出版发行　煤炭工业出版社（北京市朝阳区芍药居 35 号　100029）
电　话　010-84657898（总编室）　010-84657880（读者服务部）
网　址　www.cciph.com.cn
印　刷　北京画中画印刷有限公司
经　销　全国新华书店

开　本　787mm×1092mm¹/₁₆　印张　6　字数　75　千字
版　次　2018 年 9 月第 1 版　2018 年 9 月第 1 次印刷
社内编号　20181125　　　　　　定价　49.80 元